厨房里的技术宅：

写给美味的硬核情书

邹　熙　主编

炸鸡：

100% 满足脆皮之欲

電子工業出版社
Publishing House of Electronics Industry
北京 • BEIJING

图书在版编目（CIP）数据

厨房里的技术宅：写给美味的硬核情书. 炸鸡：100%满足脆皮之欲 / 邹熙主编. -- 北京：电子工业出版社，2021.4
ISBN 978-7-121-40159-6

Ⅰ. ①厨… Ⅱ. ①邹… Ⅲ. ①食品 – 普及读物②鸡肴 – 煎炸 – 普及读物 Ⅳ. ①TS2-49②TS972.125.2-49

中国版本图书馆CIP数据核字（2021）第010871号

责任编辑：胡　南
印　　刷：河北迅捷佳彩印刷有限公司
装　　订：河北迅捷佳彩印刷有限公司
出版发行：电子工业出版社
　　　　　北京市海淀区万寿路173信箱　邮编 100036
开　　本：720 × 1000　1/32　印张：8.875　　字数：160千字
版　　次：2021年4月第1版
印　　次：2021年4月第1次印刷
定　　价：98.00元（全五册）

凡所购买电子工业出版社图书有缺损问题，请向购买书店调换。若书店售缺，请与本社发行部联系，联系及邮购电话：（010）88254888，88258888。

质量投诉请发邮件至zlts@phei.com.cn，盗版侵权举报请发邮件至dbqq@phei.com.cn。

本书咨询联系方式：（010）88254210，influence@phei.com.cn，微信号：yingxianglibook。

炸鸡：100% 满足脆皮之欲

将全世界的猫狗猪牛全部加起来，也没有鸡的数量多。我们这颗星球上时时刻刻都存在着 200 多亿只鸡，平均每人三只。这种起源于南亚丛林灌木丛中的鸟类，现在已经成了人类最为重要的蛋白质来源。我们来谈一谈鸡，首先说说怎么吃它。

好的炸鸡应该相当松脆，表皮粗糙易碎，肉质鲜嫩多汁，拌粉和鸡皮之间实现了“有序的统一”，它太好吃，你得诉诸形而上学才可以描述出来。在《如何炸好一只辣鸡》中，The Food Lab 的创始人经过上百次精确实验，发展出了南方炸鸡的完美做法。他详细分析炸好一只辣鸡的每个步骤和原理，让你觉得以前吃的可能都是假辣鸡。

炸鸡好吃的原因之一，在于酥脆的食物具有天生的吸引力。人们对酥脆的喜爱不分国界，萨摩亚的乘客在去机场的路上总是要买很多肯德基的炸鸡带回去馈赠亲友。为什么“酥脆”二字令人着迷？酥脆的口感从何而来？《酥脆的科学》将告诉我们，酥脆是多重历史的复杂产物，它不仅是我们的祖先写在演化基因里的喜好，还将听觉整合到了进食的感官盛宴之中，让人越吃越香。

最后，我们放下鸡腿，以全球视野看待这个伟大的物种。从西伯利亚到南大西洋的南桑威奇群岛，鸡的身影无处不在，NASA 甚至研究过鸡是否能在登陆火星的旅途中存活下来。为什么鸡能从一万五千多种哺乳动物与鸟类中脱颖而出，成为人类最重要的动物伴侣？鸡就像一把长了羽毛的瑞士军刀，一种漂亮的泛用型生物，能够在特定的时间与空间里为我们提供所需要的一切。跟着鸡的步伐，就能找到全世界。

如何炸好一只辣鸡

作者 | J. 肯吉 · 洛佩兹 - 阿尔特 **译者** | 秦鹏

我以前吃的可能都是假辣鸡。

我知道人们对炸鸡可以着迷到什么程度，我没有资格告诉你谁做的炸鸡最好吃，但是如果你问艾德·莱文（Ed Levine），“严肃饮食”（Serious Eats）网站的主笔，他会对你说答案是田纳西州梅森市一家有着六七十年历史的老店格氏（Gus's）。据他说，他们的炸鸡相当松脆，表皮粗糙易碎，肉质鲜嫩多汁，拌粉和鸡皮之间实现了“有序的统一”，这炸鸡太好吃了，你得诉诸形而上学才可以描述它。

作为一个在纽约长大的孩子，对我来说，炸鸡有且仅有一个来源：那些由上校本人兜售的油乎乎的纸盒子。在我年幼的心灵里，肯德基的脆皮炸鸡简直是要多好吃有多好吃。我尤其记得吃它的过程：大块大块地揭下外皮，品尝一下又辣又咸的汁水，最后用手指撕开鸡肉送到等候多时的口中。天堂般的体验。

但是时过境迁，现在重温那些美好童年回忆，带来的仅仅是失望和幻灭。在整个美国，炸鸡正在复兴。就连纽约最豪华的馆子都把炸鸡加入了他们的菜单。我的眼睛和味蕾都在探寻炸鸡真正的可能性。我可能仍然会为了肯德基产品那层松脆多汁的外皮着迷，然而除此之外它基本也就乏善可陈了。松软的鸡皮，又干又柴的鸡胸肉，吃起来就像，嗯，去掉脆皮之后还真的很难讲它的味道像什么。

话虽如此，就其风格来说，我们也无法对它过多指摘。因此我想我应该可以接过上校的衣钵，把它发展到终极的形态——鸡肉香气浓郁、鸡皮不再松松垮垮、鸡肉鲜嫩多汁，外皮香辣松脆——说不定我还能重新找回记忆中童年时代那稍纵即逝的炸鸡味道。

彻底改造

我先从最基本的方法出发，把鸡肉块浸到脱脂牛奶中，然后扔进混有食盐和黑胡椒的面粉，然后在 163℃的花生油里炸透。几个问题立刻显现出来。首先是时间：等到我的鸡肉炸透（鸡胸肉达到 66℃，鸡腿肉达到 74℃），外皮已经变成了深褐色，带着黑色的斑点。不仅如此，它的松脆程度也与我的预期相差甚远。最后，里面的肉虽然不能说是完全干燥，但我也不会称之为湿润，更别提它嚼蜡般的味道。我决定彻头彻尾改造我的鸡肉。

问题是对于炸鸡来说，精心调制过的松脆外皮不过是对表面的处理。那种味道根本不会渗入很深的地方。显然腌制应该能够解决这个问题吧。腌制就是把瘦肉（大多数时候是鸡肉、火鸡肉或者猪肉）浸泡在盐水当中。这时候盐水会慢慢溶解关键的肌肉蛋白——尤其是肌球蛋白，一种像胶水一样把肌纤维结合在一起的蛋白质。随着肌球蛋白溶解，会发生三件事：

- 首先，肉的锁水能力提高。你可以把肉想象成一束纤长的牙刷毛被绑在一起。当你烹制肉的时候，牙刷毛受到挤压，宝贵的汁水被挤出。通过减缓能量向肉的传递，拌粉能够在一定程度上缓和这一效果，但是不管鸡肉被拌粉裹得多么厚实，总会发生相当严重的紧缩现象。肌球蛋白是造成这种紧缩动作的关键蛋白质。因此，溶解了它，你就很大程度上防止了水分流失。
- 其次，通过让溶解掉的蛋白质互相纠缠连接，腌制改变了肉的质地。这是香肠制作的主要原理——溶解掉的蛋白质可以互相连接，形成一种弹性正好合适的柔软质地。通过腌制一块鸡胸肉或者猪肉，你其实是在略微地矫正它——正是同样的过程把生火腿变成了柔软的意大利熏火腿。
- 第三，随着腌制过程慢慢深入，鸡肉表层以下的部分也渗入了味道。过夜的腌制可以透入肉内几毫米，让你在裹拌粉之前就拥有了内在的调料味道。腌制还能通过提高肌肉锁水能力而增加汁水。一般来说，我腌制鸡胸肉的时间是半小时到两小时。不过这一次，为了彻底抵消高温油炸的影响，让鸡肉拥有独特的柔滑多汁质地，我们需要很长很长的腌制时间。

整整六小时盐水浸泡的结果是如下的美食。称量表明，腌制一夜后油炸的鸡肉损失的水分比未经腌制的鸡肉少大约 9%，而且好吃得多。

• 左边是未腌制的鸡肉，右边是腌制过的。

我试验过用泡打粉和盐的混合物提前一天均匀撒在肉上来提高松脆程度。盐能起到腌制的作用，而泡打粉提高了鸡皮的 pH 值，使其更加高效地变成褐色，而且周围富含蛋白质的液体会形成微泡沫，增加碎皮。我在我的炸鸡上尝试了这种方法，但是最终结果是鸡皮脱水太严重，使拌粉难以彻底地挂在鸡块上。

反正第二天我也要把鸡块泡在脱脂牛奶里，我想知道我是否能用脱脂牛奶代替盐水里的水来达到一石二鸟的效果。结果发现鸡肉不仅湿润程度和用盐水浸泡一样，而且由于脱脂牛奶对食物的嫩化作用，它还变得松软得多（浸泡超过一夜会使鸡块松软得接近糊状）。最后，往脱脂牛奶里加入香料有助于让香味渗进鸡块内部。我尝试了多种配方，最终的结果是辣椒粉、红甜椒粉、蒜粉、一点干牛至和大量刚磨出的黑胡椒粉混在一起。上校可能在他的鸡块菜谱里用到了十一种秘密香料，但是对我来说五种已经足够了（而且我的妻子和门童都非常同意）。

脆皮之欲

接下来，给脆皮多加一点嚼头。我推断出有多种方法可以实现这点。首先，我想增加脆皮的厚度。我尝试了两次蘸粉，也就是说，把腌过的鸡块放进面粉（加入了与盐水里同样的调味品），再放回脱脂牛奶，然后再次放进面粉，最后再炸。这是大厨托马斯·凯勒（Thomas Keller）美名远扬的炸鸡方法。这个方法收效有限——第二层外皮肯定比第一层更加粗糙，但是它也让极厚的拌粉层因为重量的缘故很容易脱落。[①]

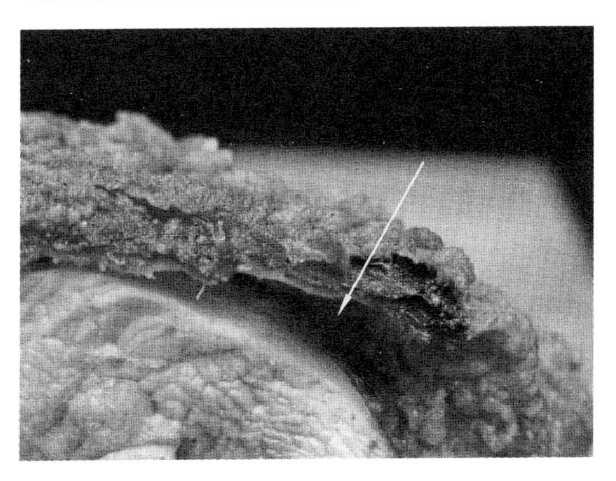

- **蘸粉两次会令外皮太厚，从鸡肉上脱落**

---

① 你可能注意到了鸡肉内部的红色。这不是因为它没有炸熟，而是因为我在切的时候破开了骨头，露出了一些红色的骨髓。有时候骨头可能自己折断或者破裂，或者在你拆解整鸡的时候发生这种事，这都会在鸡肉内部留下一些红色的斑点，哪怕它已经熟透。你无需为此担忧。

往脱脂牛奶里打一枚鸡蛋，使拌粉层更加筋道一点，效果则好得多。

现在我得到的外皮肯定已经够厚了，但是我又遇到了另一个问题：它根本不松脆，而是很难嚼动，硬得像石头。我知道罪魁祸首很可能是面筋——面遇水之后形成的蛋白质网络——便想办法尽量减少它的形成。首先，用玉米面来替换部分富含蛋白质的小麦面粉。这种纯淀粉增加了拌粉的吸水能力，却没有增加多余的蛋白质。把四分之一的小麦面粉替换掉就可以。添加几勺泡打粉有助于让混合物里出现一些气孔，形成更轻更脆、表面积更大的脆皮。（我们都知道表面积越大就越脆，对吧？）

最后我还使用了一位朋友告诉我的技巧。他曾经就职于福来鸡（Chick-fil-A）快餐连锁店。他说，一旦鸡块裹了粉，后炸的总比先炸的好吃，这是因为部分面粉混合物结成了团块，形成了更脆的外皮。往拌粉里多加几勺脱脂牛奶，用手指搅拌，然后再捞出鸡块，可以很好地模拟出这个效果。

最后一个问题是在鸡肉被炸透之前，外皮早已经熟过头了。这很好解决。只需把鸡块炸到黄褐色，然后转移到一个预热过的烤箱里，以较慢的速度完成烹饪过程。

• 往拌粉里加入脱脂牛奶能够形成左边的表皮那种粗糙质感

这样得到结果是，深褐色的脆皮入口即碎，但是并不太硬，与鸡肉容易脱开，鸡肉则一口咬下便能迸出香气浓郁的汁水。

炸好一只终极辣鸡的步骤

配方

- 2 汤匙红甜椒粉
- 2 汤匙新磨的黑胡椒粉
- 2 汤匙蒜粉
- 2 汤匙干牛至
- 半汤匙辣椒粉

· 1 杯脱脂牛奶
· 1 枚大鸡蛋
· 粗盐若干
· 1 只约 1.8 千克的整鸡，切成 10 块；或者约 1.6 千克带骨、带皮的鸡胸、鸡腿或者鸡翅
· 1.5 杯中筋面粉
· 半杯玉米粉
· 1 汤匙泡打粉
· 4 杯植物性起酥油或花生油

步骤

1. 在一个小碗中，用叉子将辣椒粉、黑胡椒、蒜粉、牛至和红甜椒粉混合均匀。
2. 在一个大碗中加入脱脂牛奶、鸡蛋、1 汤匙盐、2 汤匙香料混合物，搅拌均匀。放入鸡块并搅动挂汁。把碗内所有材料移入一个 4 升装拉链封口的冷藏袋内，放进冰箱至少 4 小时，或可过夜。间或翻动袋子以便搅动袋内材料并使挂汁均匀。
3. 在一个大碗中加入面粉、玉米粉、泡打粉、2 汤匙盐和剩余的香料混合物，搅拌均匀。从冷藏袋内取 3 汤匙腌泡汁，用手指搅入面粉。从袋中取出

一枚鸡块，沥净过多的脱脂牛奶，放入混合物翻动挂粉。用其他鸡块继续这个过程，每次只处理一枚。翻动鸡块直到全部彻底挂粉，可通过手的按压使面粉在鸡块上形成厚层。

4. 把烤箱架放置在中层，预热烤箱至 177℃。在 12 英寸（约 30.5 厘米）直边铸铁炸鸡盘或大锅中将起酥油或花生油以中火加热至 219℃。调整热量至足够保持油温即可，小心不要使油温过高。
5. 每次一块地将挂好粉的鸡块放进小孔筛网，摇晃以去除过多面粉，然后放到安置在有边烧烤板上的金属架上。所有鸡块都挂粉后，鸡皮朝下放进锅中。温度应当降到 149℃，调整热量，在烹制过程中保持这个温度。炸大约 6 分钟，使朝下的一面变成深黄褐色。至少前 3 分钟之内不可移动鸡块或者检查完成度，否则你可能会碰掉外皮。用夹子小心翻面，再炸大约 4 分钟，直到另一面也变成黄褐色。

6. 将鸡块放到安置在有边烧烤板的干净金属架上，再放入烤炉中。加热到插在鸡胸肉最厚处的速读温度计显示 66℃，插入鸡腿内的显示 74℃，持续 5 至 10 分钟。把鸡块转移到另一个架子或者垫有厨房纸巾的盘子冷却。撒适量食盐调味并食用——或者，如果想要更多脆皮，继续第 7 步。

7. 把盛有炸鸡块的盘子放入冰箱至少 1 小时，或可过夜。准备食用时，重新将油加热至 204℃。加入鸡块，炸约 5 分钟，至表皮彻底变脆，中途翻面一次。放到安置在有边烧烤板上的金属架上沥净油，然后立即食用。

本文原载于The Food Lab网站，由作者授权离线翻译。图片均由作者提供。

J. 肯吉 · 洛佩兹-阿尔特
（J. Kenji López-Alt）

Serious Eat烹饪董事，詹姆斯·彼尔德奖提名专栏The Food Lab主笔，致力于探索家庭烹饪的科学，著有畅销书《料理实验室》（*The Food Lab: Better Home Cooking Through Science*）。

酥脆的科学，咔嚓咔嚓嘎嘣脆

作者 | 约翰 · S. 艾伦　　**译者** | 陶凌寅

食物，人脑的另一种语言。

比起一长串描绘原材料和烹饪技巧的形容词，简单的两个字“酥脆”能推销掉更多的食品。酥脆的食物有一种天生的吸引力。

——马里奥·巴塔里，《巴伯餐厅烹饪书》

我们都曾被酥脆的食物吸引。由马里奥 · 巴塔里（Mario Batali）主厨的高级餐厅主打美味的（同时也是昂贵的）意大利菜，在这样的场所，“酥脆”（crispy）一词显得不够委婉，难以写入菜单，但是侍者在描述菜品或者介绍当日特色菜时，总会有意无意地提起这个词语。不过在快餐店里，客人并不追求个人化的精致用餐体验，所以那里的气氛要随意许多，“酥脆”这个字眼随处可见，是吸引食客掏钱的一张王牌。在 20 世纪 70 年代初，肯德基的菜单上新增了一款鸡肉产品，店方称其为“倍酥炸鸡”。这一点营销小技巧的成功之处有二：其一，明确地告诉顾客，这种鸡肉不仅酥脆，而且“加倍”酥脆；其二，更加强调了其烹鸡配方本来就很酥脆，除了酥脆之外的其他口感都是无法接受的。

为什么我们人类喜爱酥脆的食物？它们的吸引力就像我们不可剥夺的生命权、自由权和追求幸福的权利一样，是不证自明的。人人都爱吃酥脆的食物，对酥脆的喜爱不分国界。我一位搞文化人类学的同事抱怨说，从新西兰到萨摩亚的晚班飞机上总是一股肯德基的味道，因为萨摩亚乘客在来机场的路上总是要买很多肯德基带回去馈赠亲友。此外还有土豆的例子。还在前工业时代时，土豆这种块根蔬菜就已经从新大陆传播到了欧洲，但是到了工业时代，更为酥脆的土豆食品（主要是薯片和炸薯条）得以大规模生产和销售，土豆才真正“大行其道”。联合国粮农署还把 2008 年定为“国际土豆年”。即便在有些国家，土豆已经不再是主要作物，但是土豆食品口感酥脆，食用方便，大众对它的喜爱始终没变。

酥脆的食物有能力穿透最强大的文化壁垒。日本在历史上的大部分时期里，都有意与外界隔绝开来，日本料理常常被视作其岛国文化的象征。然而日本料理中最为人称道的酥脆食物都源自其他文化。面糊炸成的天妇罗是 15、16 世纪的西班牙和葡萄牙传教士发明或者引入日本的。在 17 世纪 30 年代日本完全闭关锁国之前，这些传教士还是允许进入日本的。日本料理中裹着面包屑的炸猪排源自奥地利、德国等欧洲国家的炸小牛肉片，而裹着面粉或者玉米淀粉的炸鸡块在日语中写作“唐扬”，其本义是“中式油炸”。所以，当你走进日式餐馆享用炸鸡翅、炸猪排和蔬菜天妇罗时，请记得只有佐餐的加州寿司卷才源自真正的传统日本食物。

演化心理学家和生物文化人类学家假设，这种超越文化界限的行为模式或者认知模式，可能有某些潜在的生物基础或者演化基础，而不仅仅是当地环境或文化的产物。换句话说，某些模式在许多不同的文化中频繁出现，不太可能是趋同作用或对其他文化的借鉴。被酥脆的食物吸引就正是这样一种现象，酥脆的食物在不同的文化之间互通有无，许多文化满怀热情地接受了这种舶来品，好像已经预先适应了一般。

酥脆的食物有一种天生的吸引力。乍一看似乎很有道理，但是“天生”是一个很重的词语，在社会科学的某些领域里能激起争议。和“本能”一样，“天生”意味着不管环境如何，人脑中都有这么一套固定的程序，能产出特定的行为或者倾向。人们普遍承认语言是一种本能，但是喜爱酥脆的食物也是一种本能吗？它真的像语言本能一样深深地扎根于我们的演化史中，超然于文化之外吗？我对人类的饮食和进食行为有一套全面的生物-文化理论，在此对酥脆食物的探讨就是其中一例。如果想要理解我们为何喜爱酥脆的食物，必须先搞清楚我们是如何看待“酥脆”这种属性的。

酥脆之源

酥脆之源：昆虫

酥脆的口感从何而来？环顾自然界中那些不用加工就能吃的食物，酥脆的东西不少，不过都不太吸引人，吃惯了当代西方饮食的人对这些东西尤其没有食欲。最酥脆的荤菜当属昆虫，它们有着坚硬的外骨骼，由一种叫作几丁质的多糖构成。（当然这些昆虫在其生长的早期阶段还是黏黏糊糊的幼虫时，就可以拿来吃。）

昆虫含有丰富的脂肪和蛋白质，纵观世界美食，昆虫可以当作零食，也可以成为主菜。西方人要么把昆虫当成饥馑绝境中的不得不食之物，要么视之为大胆猎奇的珍馐美味。而在许多传统菜肴中，昆虫的地位处于两者之间：因为昆虫可以吃，所以人们就吃了。而且吃昆虫成虫时，很多时候都是连着成熟的外骨骼一块儿吃的，一般的做法是烘焙、烧烤或者油炸，以达到那种“倍酥”的状态。这里向大家介绍一道烹制蚱蜢的食谱，来自印度东北部那加兰邦的部落美食：

收获稻谷后通常是收获蚱蜢之时。摘下翅膀和腹部，以清水洗净，用植物油煎炸，配以

> 姜、蒜、辣椒、盐、洋葱和腌竹笋等作料。一般不加水，而是干烧。

听起来不错，这种做法的酥脆蚱蜢在那加兰邦大受欢迎，并且风靡世界各地，不管是在传统的还是不太传统的食品市场。

即便是西方人，也一定会觉得炸得酥酥脆脆的昆虫要比没有炸过的虫子容易下咽。食用昆虫的行为十分普遍，这也为“酥脆的食物天生有吸引力”的观点提供了一些证据。

人类属于哺乳纲灵长目，灵长目的动物还包括了全部的猴、猿以及娇小古怪的猿猴（狐猴、眼镜猴、婴猴等）。快速浏览一下灵长目动物的食谱就能发现，其中许多都很热衷于吃昆虫。其实生活在5000万年前的灵长目始祖很可能主要靠食虫维生。考虑到灵长目这种食虫的“传统”，以及人类广泛的食虫行为，可以说我们对于食虫似乎没有本能的厌恶，而是恰恰相反。究竟是因为昆虫酥脆所以我们才吃它，还是因为酥脆的昆虫是我们祖先进食的一种选择所以我们才会喜爱酥脆的食物？后一种解释意味着，酥脆食物的吸引力由来已久，在认知上根深蒂固。也许蟋蟀和“倍酥”炸鸡是存在着某种联系的，当然，偶尔跳进油锅的不速之客除外。

酥脆之源：植物

植物是自然界提供给我们的另一种酥脆食物。酥脆与蔬菜的联系在于新鲜度。现在“新鲜度”这一概念包含了许多层面，它取决于食物本身，也取决于其获取、销售、消耗的具体情况。新鲜的鱼和肉显然并不酥脆，但是对于蔬菜（至少是那些食用叶、茎的蔬菜）而言，酥脆度和质感标志着水分的保持情况。蔬菜一旦从地里摘下来就开始丢失水分，更重要的是，营养成分也会开始发生变化。比如，糖分会迅速转变成淀粉，你只要把商店里买回来的甜玉米和菜园里刚摘的甜玉米比较一下，就知道口感的差异有多大了。此外，新鲜蔬菜中的营养物质更容易被吸收，尤其是生吃的时候。而被细菌污染的蔬菜会变得黏糊糊的不再酥脆。

如今发达国家居民食用新鲜蔬菜的方式在人类历史上是并无先例的。过去，绿色蔬菜都是当地种植、当地食用，并且是季节性的。但是如今有了电冰箱和工业化的生产、运输，你可以在任何季节吃到产自任何地方的蔬菜。市场营销不断强调绿叶蔬菜对健康的益处，在人们心中，它们终于不再是位列谷物和肉类之后的“二等

食物”了。这拉动了人们对蔬菜的需求，反过来又促进了生产包装方面的技术进步，各种“更新鲜”的产品被开发出来，尽管这种“新鲜”产品与传统上亲手采摘、快速消耗的新鲜蔬菜已经有了根本的不同。

这种工业化带来的并不是真正意义上的新鲜，而仅仅是对“新鲜”的一种表面上的摹写。不仅如此，对新鲜度的重视使得人们宁肯牺牲味道也要培育那些散发着“新鲜气息”的蔬果品种。那么应当如何评估这种“新鲜气息”呢？我们脑中关于“酥脆”的那根弦注定要紧紧地绷起来。看看越来越受欢迎的球形生菜和红蛇果就知道了——口感酥脆模样漂亮，就是吃起来没什么味道。

酥脆之源：熟食

大自然提供给我们的酥脆食物主要就是昆虫和水分充足、纤维丰富的植物。但是人类独一无二的技术发明——烹饪，却把我们带入了一个饮食的新境界。烹饪创造出的酥脆食物不仅质地足够脆，而且通常味道浓郁。酥脆质地源自食物加热时产生的一系列褐变反应，其中之一就是焦糖化（caramelization），糖在加热到一个较高的温度后发生褐变，并变得酥脆。浓郁的香味也与焦糖化有关，在这一化学反应中，单一的一种分子（糖）转化成了许多种不同的、具有各种味道的分子。世界知名的食品化学专家和烹饪权威哈罗德·麦吉写道："这是一种非常幸运的变化，给许多糖果和甜食别增一番风味。"

烹饪对扩展人类食谱中酥脆食物的种类起到了关键作用。所有的人类文化中都有烹饪，它是普世的。早期人类主要靠生吃植物过活，偶尔吃点肉，后来逐渐演变为食用大量经过烹饪的熟食，而且荤素同样重要。烹饪使得更多的植物部件可以为人食用，食用富含淀粉、高热量的块茎大概是人类演化史上最重要的事件之一。动物的躯体，尤其是肌肉，经过烹饪变得更容易消化，结实的部分也变得容易咀嚼。黑猩猩偶尔也会开荤，它们能迅速找到脑子、肠胃、肝脏等柔软的组织，然后狼吞虎咽，而肌肉组织则要嚼上很久。与黑猩猩（以及最早不会烹饪的人类）相比，我们的祖先在掌握了烹饪技术之后，能够更高效地利用大型动物的尸体。烹饪使得人类祖先能够利用更多的食物，获取更多的热量和营养（大型狩猎动物和较大的坚硬块茎），减少花费在咀嚼和消化上的能量。人类能够承受起如此硕大的、高耗能的脑部，也有烹饪的一份功劳。

我并不是要把酥脆食物的地位提得很高，将它看作烹饪对人类演化产生的最本质的影响，因为烹饪给食物带来的改变远远不止把它们变酥脆这么简单。有可能是我们的祖先喜爱酥脆的食物更胜柔软、耐嚼的食物，所以才养成了烹饪的习惯；也有可能，酥脆食物的吸引力并不广泛，只不过是那些喜爱酥脆食物的早期人类更热衷烹饪，于是慢慢积累了演化上的优势，不管是哪种情况，烹饪的益处及其对人类演化的影响都可以部分解释我们对酥脆食物的喜爱。技术可以延续、调整、强化先前就存在的饮食偏好，烹饪的发明就是最早的例子。我们对酥脆食物的喜爱可能来自昆虫和后备的植物性食物，但是烹饪技术可以使许多食物都变得酥脆，于是把这一偏好推到了饮食习惯的中心位置。如今的工业化烹饪使得酥脆的食物在发达国家随处可见，现代的酥脆食物很容易就吃多了。见到酥脆的食物以及其他一些有“天生”吸引力的食物，我们的脑子就会按下“去吃”的按钮，而那个“停下”的按钮却并未随之演化出来。

咀嚼中的脑：嘎嘣脆

我们把食物放入口中，开始咀嚼，如此方能感受到“酥脆”。嵌在上颌骨和下颌骨的两排牙齿是我们咀嚼的“利器”。四对咀嚼肌固定在颅骨上，延伸至下颌起帮助下颌的活动。

那么，在我们咀嚼时，大脑中的高层次区域有何反应呢？研究者采用了最先进的脑成像技术例如功能磁共振成像（fMRI），当测试对象在进行不同任务时，fMRI可以测量脑部不同区域的血流量变化。研究者试图准确描述咀嚼过程中脑部哪些区域在活跃。传统的脑部研究方法已经确定，与口、舌相关的区域位于额叶的初级运动皮质；感觉区位于顶叶。这些发现在最早期的 fMRI 研究中得到了证实。而人们原先预期的一些脑区激活情况也在这些研究中得到了确认，包括小脑中负责随意运动控制的脑区，以及丘脑——中脑中的神经集合，连接大脑皮质和低位脑区的关键中继站。此外，被激活的还有岛叶，这一小块皮质深藏在额叶与顶叶之下，来自若干脑区的信息输入在此整合。岛叶的功能之一就涉及味觉的调控。

在一项fMRI研究中，研究者让一组参与者咀嚼口香糖，而另一组没有食物只是模拟咀嚼的动作。研究发现，与咀嚼相关的神经网络比原先认识到的更大，一直延伸到额叶与顶叶之间联合皮质的部分区域。研究人员尚不清楚为什么嚼口香糖会激活这些皮质区域。可以预见，能够引发不同联想的不同食物在不同的情景中食用，还会激活除了运动控制和感觉区之外更多区域的联合皮质。

咀嚼嘎吱嘎吱的酥脆食物还会激活脑部的另一个功能网络：听觉网络。我们的内耳中有一些特化的细胞，可以侦测到空气的流动，并将之转化为神经信号，这就是听觉的原理。除了外部的声音，头部骨骼的震动也会传导至耳朵内部的一个结构，从而使我们听见声音。耳朵侦测到的全部震动都通过第8对脑神经传输至脑中，这一对脑神经还负责耳朵的其他功能，如保持平衡并且侦测头部位置的变化。第8对脑神经的听觉神经纤维连接到脑干，然后再通过中脑的各个神经核，最后到达初级听觉皮质。

当你咀嚼酥脆的食物时，声音一直贯穿始终。除了人人都能听见的声音，比如餐厅背景音乐和吃日式拉面时发出的“吸溜吸溜”声，我们自己听得最多的进食声，当然来自我们的头部。但事实上，对于这些声音我们是典型的“充耳不闻”。所有的神经感官系统都有一个共性——习惯化，当感觉神经元持续地暴露在某刺激之下，就会产生习惯化的反应。你刚穿上衣服的时候，会明显地感觉到织物与皮肤的接触，但是很快就对这种感官刺激习以为常。功能磁共振研究发现，当受到持续不断的听觉刺激时，颞横回以及周围联合听觉皮质的活跃度会降低，这与习惯化效应是致的。这一点很有趣，因为听觉信号的传导要经过好几道神经通路，在到达皮质时已经换过好几个“接力棒”了，习惯化在如此高层次的听觉加工过程中仍有所反映。

除了嗅觉和味觉刺激，酥脆食物的吸引力还在于它能给我们带来听觉刺激。酥脆这一属性基于食物质地，独立于食物的其他属性。即便食物的味道没那么吸引人，酥脆质地给我们带来的愉悦也不会因此减少。咀嚼酥脆的食物比咀嚼不脆的食物发出的声音更响。如果感官刺激越强烈，习惯化的时间就越长，那么酥脆食物带来的享受就应该持续更长的时间。当然，有无数的因素都可能左右我们对食物的喜好，不过假设排除所有其他因素的干扰（这是完全不可能实现的思维实验状态），有理由相信我们会更喜爱酥脆的食物，部分原因就是我们喜欢听自己头部传来的“咔嚓”声。所以下次吃薯片时，享受好味道的时候也请记得细细体会酥脆之声！

“酥脆”这个词儿

英语中表示酥脆的单词 crispy 和 crunchy 都是拟声词。crispy 的词源比较复杂，它在大多数词典中的第一条释义是“卷曲的、波浪状的”，不管其最初的本义是什么，现在这个词主要用来形容易碎的食物。虽然 crispy 一词的发音与我们咀嚼酥脆食物时发出的声音并不相似，但是不知为何，它就是能让我们联想到那“咔嚓咔嚓”声。与此相似，大家也普遍认为 crunchy 一词是拟声词，能够激发出更深刻的酥脆感受。

更适合出现在菜单上的是 crispy 一词，因为它意味着食物更精致，易碎的程度是可控的；而 crunchy 则意味着食物发出的声音更响、加工程度更低、更“狂野”。为什么这两个形容词都可以增强某种食物的吸引力，令其卖得更好？拟声可能是一个原因。功能性脑成像研究发现，在真正开始进食之前，只要这两个词语出现，就可以从不同的两条途径唤起进食的反应。

当我们听见拟声词时，大脑做何反应？为了探究这

一问题，苧阪直行（Naoyuki Osaka）及其同事展开了一系列 fMRI 实验。研究发现，当实验参与者听到一些拟声词时，脑部一些区域会被激活，而当他们真实体验到拟声词所表示的动作和心理状态时，同样的区域也会被激活。所以我们知道了拟声词的神奇力量：它可以激活负责监测和体验情绪的脑区，以及涉及心理意象的脑区。研究发现，许多肢体动作的运动意象也可以在一定程度上激活脑部的初级运动区域。换言之，想象自己做某动作与实际发出这一动作时激活的脑区有一部分是重合的。

现在"酥脆"的言外之意就要体现出来了：只是看见、听到或是说出 crispy 与 crunchy 这两个拟声词，就能让我们觉得自己在吃酥脆的食物，大概是因为我们脑部初级运动皮质中负责嘴巴与舌头的区域被激活，脑海中就形成了这种感觉的表征。伴随着"酥脆"这个词语的每一次出现，与之相关的食物都会在进食者的脑海中被嚼得嘎吱作响。

干脆的小结

为什么酥脆的食物有一种天生的吸引力，为什么"酥脆"二字令人着迷，你现在知道答案了吗？在人类的许多祖先、近亲眼中，酥脆的昆虫是诱人的食物。时至今日，在许多社会文化中，人们仍然喜爱吃蟋蟀、蚱蜢以及各种昆虫的幼虫。许多灵长目的动物以生脆的蔬菜为食。这是演化史留给灵长目动物的一份遗产：至少在特定的时刻和环境中，酥脆的食物对我们有很强的吸引力。

随着烹饪技术的出现，人类的饮食条件有了巨大的改善。我们的祖先掌握了烹制酥脆食物的奥秘。烹饪技术使人类能够更方便地摄取肉类和植物块茎中的营养，也使这些食物变得更加美味可口。喜欢酥脆熟食的早期人类，也就是我们的祖先，可能在繁衍后代方面大获全胜，将竞争对手挤出了历史舞台。因为有了烹饪技术，他们在任何复杂多变的环境中都能获取高质量食物。虽然我们对酥脆食物根深蒂固的喜爱来自古老的远亲，但是在较近的演化历史中，烹饪带来的优势强化了这种饮食偏好。

酥脆的食物还在我们的脑中玩了一些小把戏，并享受到一些特权。酥脆食物将听觉整合到了进食的感官盛宴之中，极有可能是因为感觉的通道越多、刺激越强，就越能延缓我们对某种食物的厌倦和习惯化，所以酥脆的食物让我们越吃越香。此外，“酥脆”一词本身也能增加食物的吸引力，否则我们也不会将之写进菜单和广告中。我们的大脑在处理语言的过程中还会深刻地受到较低级的认知活动的影响，就进食而言这还真是产生了出人意料的结果。

酥脆如此诱人，当然还可能有其他的原因。在现代食物环境中，工业化生产的酥脆食物无处不在，广告多得令人眼花缭乱，但是同时又被“妖魔化”为肥胖的罪恶之源。这些食物，或者至少其中的一部分食物，是“坏的”。但是我们都多多少少地意识到，干坏事本身就能带来快感，只要不是特别严重的坏事就行。吃一袋薯片的快乐，并不仅仅在于它口感酥脆并且提供了足够的盐、脂肪和糖类，更是因为在这样一个虚张声势又自相矛盾的营养文化中，吃薯片还能带来一丝“干坏事”的罪恶快感。

我们进食以及看待食物的方式是多重历史的复杂产物。认知史、演化史以及文化史这三者以一种独特方式交汇于每一个人，在每一个个体的头脑中形成了一套多层面的“食物理论”。

本文节选自《肠子，脑子，厨子：人类与食物的演化关系》，果壳阅读 · 清华大学出版社2013年版，约翰 · S. 艾伦著，陶凌寅译，由出版社授权发布。

约翰 · S. 艾伦
（John S. Allen）

美国南加州大学栋赛夫认知神经科学成像中心和脑与创造力研究所的神经人类学家。他曾于日本、巴布亚新几内亚、帕劳群岛和新西兰进行心理生理学和神经分裂症演化的田野调查。

跟着鸡的步伐，就能找到全世界

作者｜安德鲁·劳勒　　**译者**｜萧傲然

鸡就像一把长了羽毛的瑞士军刀，一种用途广泛的生物，能够在特定的时间与空间里为我们提供所需要的一切。

- 这块饰有波斯公鸡的织物属于罗马教廷，头部的光环是其神圣身份的象征，年代约为公元 600 年。

瞧啊！这只公鸡王，瞧他居高临下的姿态多像位国王！

瞧啊！这只公鸡王，瞧他在空地里追逐家鸡的模样！

瞧啊！这只公鸡王，他伸展的样子，就像泼洒而出的汽油，

而他的翅膀，哦，就像有着彩绘玻璃般翅膀的蝴蝶在飞翔！

——杰·霍普勒，《公鸡王》

将全世界的猫狗猪牛全部加起来，也没有鸡的数量多。即便再算上地球上所有耗子，鸡的优势地位依旧难以撼动。作为世界上最为普及的鸟类以及最常见的农场动物，我们这颗星球上时时刻刻都存在着 200 多亿只鸡，平均每人三只。而同属鸟类的第二名，是一种名为红嘴奎利亚雀的非洲小型雀类，然而数量仅仅为 20 亿只左右。

全球仅有一个国家和一块大陆没有这种家禽。梵蒂冈的教宗弗朗西斯一世会定期食用无皮鸡胸肉，鸡肉采购于罗马的市场，毕竟像梵蒂冈这样的弹丸之国已经没有什么空间能用来放鸡笼子了。而在南极洲，鸡被严格禁止。尽管在阿蒙森 - 史考特科考站一年一度的新年庆祝

活动上烤鸡翅是绝对的主角，但是管辖这片南部大陆的国际公约仍然禁止携带活禽或禽肉进入，其目的主要是保护帝企鹅免受疾病的侵害。话虽如此，大部分帝企鹅却早已暴露在了常见的鸡所携带的病毒之下。

这两个特例均印证了鸡的支配性地位。从西伯利亚到南大西洋的南桑威奇群岛，鸡的身影无处不在，美国国家航空航天局（NASA）甚至研究过鸡是否能在登陆火星的旅途中存活下来。这种起源于南亚丛林灌木丛中的鸟类，现在已经成了人类最为重要的蛋白质来源，若没有鸡的陪伴，人类很难离开地球远行。随着人类的城市与胃口与日俱增，鸡的数量以及我们对它的依赖度也随之提高。早在 1879 年，美国经济学家亨利 · 乔治（Henry George）就曾写道，“老鹰与人类都吃鸡肉。只不过老鹰越多，鸡越少。而人越多，鸡越多。”

在此之前，我从未思考过为什么鸡能从一万五千多种哺乳动物与鸟类中脱颖而出，成为人类最重要的动物伴侣。我苦苦追寻着问题的答案——为什么我们放弃了平静的狩猎采集生活，而选择与喧嚣尘上的都市、制霸全球的帝国、世界大战以及社交媒体为伍呢？其过程又是怎样的？——跟随着我的报告，我分别前往了位于中东、中亚以及东亚的各大考古挖掘现场。人类进入城市生活时代这段神秘而变化剧烈的过程最早开始于六千年前的中东，时至今日，该进程仍在继续。直到最近的十年，居住在城市中的人口数量才第一次超过了居住在农村的人口，这是历史上前所未有的。

我听说某阿拉伯国家的海滩上有挖掘机发现了四千多年前印度商人借着季风在大洋上乘风破浪的证据，这群无畏的青铜时代的水手开创了国际贸易的时代，擦出了环球经济的第一束火花，他们携带着来自喜马拉雅山的木材与阿富汗的天青石，不远万里来到两河流域的伟大都市，而此时在埃及的工匠们才刚刚垒上吉萨金字塔的最后一块砖。考古学家们在古代印度人的贸易货物遗迹中发现了一块鸡的骨头，这很可能标志着鸡在此时已经正式进入西方世界。

从这只鸡入手，我们可以探讨鸡到底源自何方，为什么人类热衷于食用鸡肉，或者说，到底什么是鸡。几周后，我抵达了阿曼海边的一座村庄，在阿拉伯海里畅游了一下午之后，来自意大利的考古队伍回到了此处的沙滩遗址，投入工作。可鸡骨头在哪儿呢？“哦，”队伍领队用毛巾擦拭着水闸，说道，“我们觉得可能认错了。没准儿是哪个工人吃午饭时扔的。”

话说回来，鸡既没有拉动巴比伦的战车，也没有从中国运来丝绸，所以考古学家与历史学家们也没有对鸡寄予太多希望。而人类学家也更倾向于研究人类是如何猎杀野猪的，而不是如何喂养家禽的。禽类学家的注意力也集中在如何高效地将谷类转换成肉类，而对鸡是如何遍及世界的却不感兴趣。即便是意识到动物对于人类社会形成的重要性的科学家，也常常不屑于研究家禽。畅销书《枪炮、病菌和钢铁》的作者贾雷德·戴蒙德（Jared Diamond）将鸡的地位归入了所谓的“小型家养哺乳动物、鸟类与昆虫”一类。都是对人类有益的动物，但却不值得为之投入精力，比如牛。

失败者与无名英雄往往是记者眼中的红肉，因此人们对鸡总是一副鄙夷不屑的态度，几乎到了对其视而不见的地步。尽管鸡肉与鸡蛋推动着人类的城市与工业生活，但是鸡却从未被视作家畜——甚至连动物都算不上——按照美国法律，家畜是指用于食用目的喂养动物。“对于在城市长大的人来说，鸡的地位并不高。”E. B. 怀特（E. B. White）如此说道。如果人们开始认真思考鸡的话，浮现在脑海中的总是一副“杂耍场里滑稽道具”的形象。虽然苏珊·奥尔良（Susan Orlean）于 2009 年在《纽约客》上发表文章称鸡是“最佳鸟类”，为如火如荼的后院养鸡运动添薪加柴，但是猫狗所享有的“最受人类喜爱宠物”的地位仍然岿然不动。

如果明天所有犬类与猫科动物全部消失，长相奇怪的长尾小鹦鹉与沙鼠也一同人间蒸发，人们一定会悲痛欲绝，但因此对全球经济或国际政治造成的影响却是微乎其微。然而，若是全世界的鸡都不见了，将会立即招致巨大的灾难。2012 年，墨西哥城因禽流感扑杀了上百万只鸡，导致鸡蛋价格一飞冲天，于是人们纷纷走上街头抗议，要求新任政府下台。这次事件被称为“鸡蛋大危机”，这也难怪，毕竟墨西哥人人均食用鸡蛋的数量比其他国家都要多。同年在开罗，居高不下的禽肉价格助长了埃及的革命运动，抗议者们高呼：“别人都在吃着鸽肉鸡肉，而我们却只能吃豆子度日！”伊朗的禽肉价格暴涨三倍，警察部门警告电视台不得播放展现吃鸡肉的画面，以免刺激到那些再也吃不起碳烤鸡肉的人，继而引发暴力行为。

鸡就这样悄声无息而又不可阻挡地成了人类社会不可或缺的一部分。尽管鸡无法飞行，却借助国际进出口贸易成为世界上迁徙最频繁的鸟类。一只鸡身上的各个部分可能会分布在全球的两端。鸡爪去了中国，鸡腿去了俄罗斯，西班牙人拿到了鸡翅，土耳其人拿到了鸡肠，荷兰的鸡汤厂家得到了鸡骨，而鸡胸肉则去了美国与英国。

在全球性商业的作用下，巴西的鸡吃上了来自堪萨斯的谷子，欧洲的抗生素被用来治疗美国的禽病，而南美的鸡则被放入印度生产的鸡笼中。

“乍看上去，商品只是一种简单平凡的东西。”卡尔·马克思曾这样写道。但仔细分析后，商品便成了“一种奇怪的东西，满是形而上学的微妙与理论上的细节”。在我追寻鸡在全球的踪迹之时，我意外地发现其踪迹充满了形而上学与理论的含义。作为一种起源于亚洲丛林中的生物，鸡很快遍布全球，就如同皇家动物园中的明星，扮演着指导未来的角色，继而又转变成光明与复兴的神圣使者。它们在斗鸡场上斗得你死我活来娱乐人类，又是治病的百宝箱，且不断激励鼓舞着无数战士、情侣与母亲。从巴厘岛到布鲁克林，鸡在上千年的历史长河中承担着人类的原罪。从未有这样一种动物能够在横跨如此多的社会与时代中，产生如此之多的传奇、迷信与信仰。

鸡之所以能征服世界是因为人类一直将它们带在身边，这趟伟大的旅程始于数千年前的东南亚，每一步都离不开人类的帮助。在沿着宽阔的湄公河顺流而下的独木舟里的竹笼中，它们缓缓睡去；在古代中国拉往市集的牛车里，它们发出诉苦的鸣声；在喜马拉雅山脉地区商人挑着的柳条篮里，它们紧紧地挤在一起。水手们带着鸡跨越了太平洋、印度洋和大西洋，而到了十七世纪，鸡已经存在于全球所有有人类居住的大陆上。这一路的旅途中，它们使波利尼西亚殖民者得以果腹，使非洲的社会得以实现城市化，并在工业革命开始之初避免了可能出现的饥荒。

查尔斯·达尔文利用鸡进一步巩固了其进化学说，而路易·巴斯德则利用鸡制出了第一支现代意义上的疫苗。人类对鸡蛋进行了长达两千五百年的研究，现在鸡蛋仍然是科学上的最佳模式生物，同时也是人类每年用于制作免疫血清的媒介。鸡是第一种基因组序列被测出的家畜动物。鸡骨可以用于缓解关节炎，公鸡鸡冠可以用于舒展脸部皱纹，而转基因鸡很快就可以用于大量合成我们所需的药品。此外，饲养鸡还可以为贫困的农村妇女儿童提供必需的卡路里与维生素，防止出现严重的营养不良，同时还可以作为一项收入帮助困难家庭脱离贫困。

鸡就像一把长了羽毛的瑞士军刀，一种用途广泛的生物，能够在特定的时间与空间里为我们提供所需要的一切。回顾历史，正是鸡的这种可塑性使其成为所有驯化动物中最具价值的动物。鸡就像是鸟类中的变色龙，一面映照着人类欲望、目标与意图之变迁的神奇镜子——

它是威望的象征、真相的诉说者、不可思议的万灵药、魔鬼的工具、驱魔者，或是巨大财富的来源——忠实记录着人类的探索、扩张、娱乐以及信仰。现如今，考古学家开始利用简单的筛网来收集鸟类骨骼，其中蕴藏着有关古代人类生活的方式、时间以及地点的信息，而通过复杂的运算与高吞吐量的计算，生物学家得以有可能追溯鸡基因的演变，而这也与人类的基因演变息息相关。此外，通过研究长期被忽视的鸡脑，神经科学家也发现了令人不安的迹象——鸡脑的智力程度很高，而这也为人类自身行为的研究带来了有趣的见解。

今天，鸡基本上已经从我们的城市生活中消失，其中绝大部分被囚禁在硕大的养鸡场或屠宰场的阴影当中，四周被围栏隔开，与人们的界线泾渭分明。现代的鸡既是科技的胜利，也是工业化农业所带来的可悲可怕事物中的典型代表。作为史上人工改造程度最高的生物，鸡同时也是世界上待遇最为恶劣的动物。总而言之，人类将鸡单独拎出来当作通往世界城市化未来的饭票，却同时将它踢出了我们的生活，眼不见心不烦。

对于人类刻意将城市生活置于农场杀戮之外的行为，席卷欧美的后院养鸡运动便是对此做出的回应。通过养鸡这种经济而容易上手的方式，我们得以与正在消失的人类农业传统再次建立联系。这股风潮也许并不能改善数十亿工业化养鸡场中家禽的生活，却能唤起我们对于人类与鸡之间古老、丰富以及复杂的关系，正是这种关系使得鸡成为人类最重要的伙伴。而我们也能借此机会改变对于鸡的看法，重新审视、对待它们。

尽管我们与鸡的距离渐行渐远，但对其的依赖却越来越重。当我们形容勇气、怯懦、坚韧与自私，以及其他人类特征与情感的时候，用词仍与鸡紧密相连。正如文学评论家乔治·斯坦纳所言：“一切都会被遗忘，除了语言。”我们或是狂妄自大，或是临阵退缩，或是妻管严，或是如履薄冰，或是怒发冲冠[①]，不论是执牛耳者，还是执鸡耳者，都不得不承认，我们在许多方面与鸡更为类似，而非老鹰或是鸽子。我们就像这群后院里的家禽，既温顺又暴烈，既平和又易怒，既优雅又笨拙，既想翱翔于苍穹，却又被囚困在地面。

---

① 妻管严（henpecked），hen 意为母鸡，peck 意为啄食；如履薄冰（walking on eggshells），eggshell 意为蛋壳；怒发冲冠（get hackles up），hackle 意为鸡脖颈处的羽毛。

本文节选自《鸡征服世界》（2017.09），安德鲁·劳勒著，萧傲然译，由中信出版集团授权发布。

安德鲁·劳勒
（Andrew Lawler）

记者，奈特科学新闻学者，美国《科学》杂志特约撰稿人以及《考古学》杂志特约编辑，负责报道科技与政治新闻，在国家地理、史密森尼学会等十多家媒体发表过文章与专栏。

执行策划：

不知知（炸鸡：100% 满足脆皮之欲）

不知知（咖啡：三分钟造梦机器）

不知知（日本料理：家庭料理之心）

荣　妍（意大利面：面与酱的繁文缛节）

纪宇彪（食物技术革新：从古早到未来）

微信公众号：离线（theoffline）

微博：@离线 offline

知乎：离线

网站：the-offline.com

联系我们：AI@the-offline.com

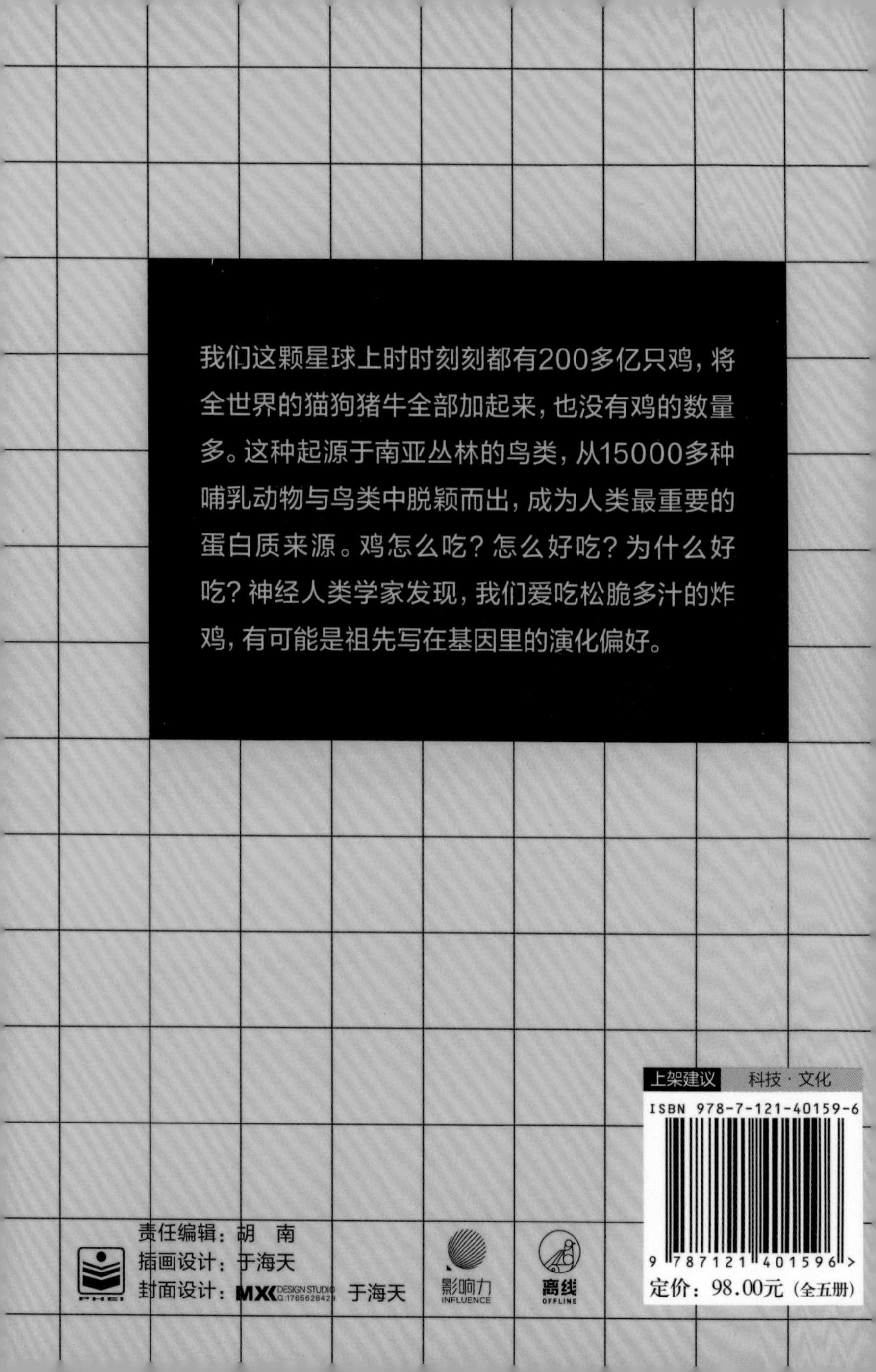
我们这颗星球上时时刻刻都有200多亿只鸡，将全世界的猫狗猪牛全部加起来，也没有鸡的数量多。这种起源于南亚丛林的鸟类，从15000多种哺乳动物与鸟类中脱颖而出，成为人类最重要的蛋白质来源。鸡怎么吃？怎么好吃？为什么好吃？神经人类学家发现，我们爱吃松脆多汁的炸鸡，有可能是祖先写在基因里的演化偏好。
上架建议 科技 · 文化
ISBN 978-7-121-40159-6
9 787121 401596 >
定价：98.00元（全五册）
责任编辑：胡 南
插画设计：于海天
封面设计：MXX DESIGN STUDIO Q:1765628429 于海天
PHEI
影响力 INFLUENCE
离线 OFFLINE

厨房里的技术宅：写给美味的硬核情书

意大利面：面与酱的繁文缛节

GEEKS IN THE KITCHEN: PASTA

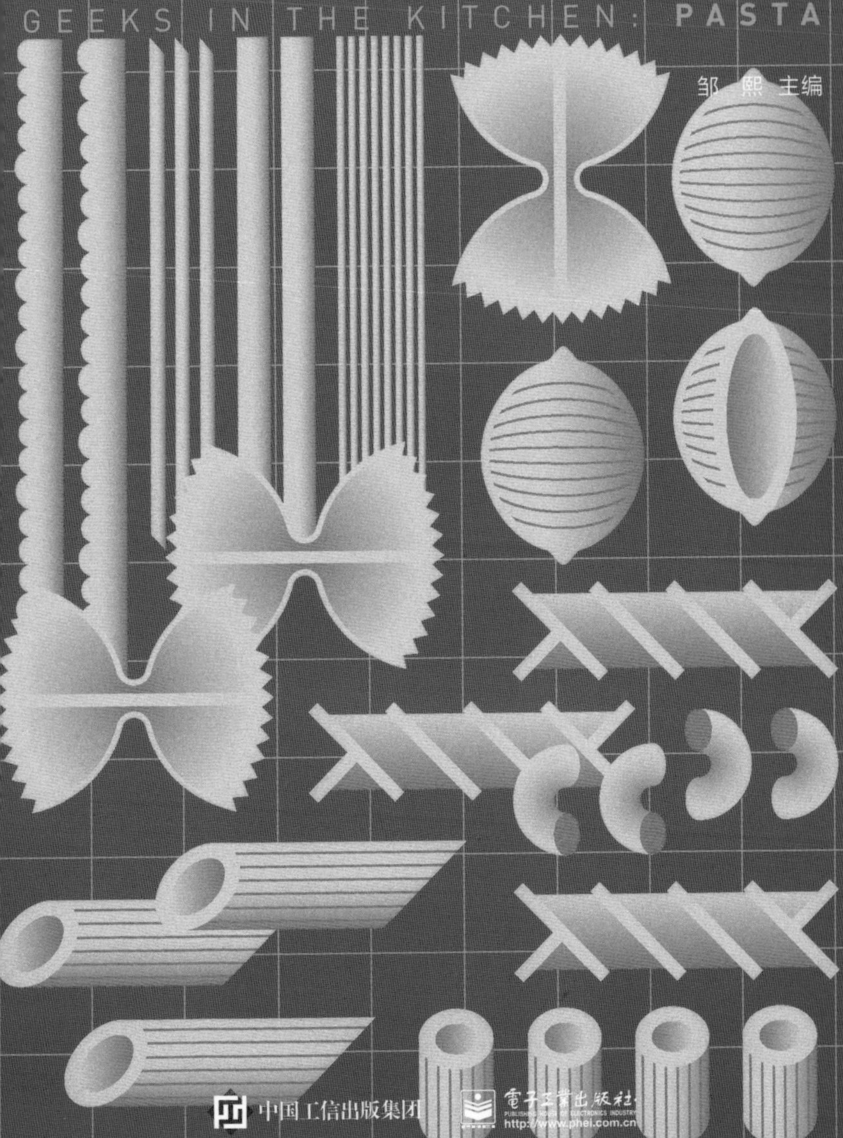

邹熙 主编

中国工信出版集团 電子工業出版社
PUBLISHING HOUSE OF ELECTRONICS INDUSTRY
http://www.phei.com.cn

厨房里的技术宅：写给美味的硬核情书
炸鸡：
100%满足脆皮之欲
GEEKS IN THE KITCHEN:
FRIED CHICKEN
邹 熙 主编
中国工信出版集团
電子工業出版社
PUBLISHING HOUSE OF ELECTRONICS INDUSTRY
http://www.phei.com.cn